和孩子的自然游戏

王辰 编著

中国林业出版社
China Forestry Publishing House

图书在版编目（ＣＩＰ）数据

和孩子的自然游戏／王只层编著．－－北京：中国
林业出版社，2023.11（2024.6 重印）
ISBN 978-7-5219-2230-1

Ⅰ．①和… Ⅱ．①王… Ⅲ．①自然科学－少儿读物
Ⅳ．①N49

中国国家版本馆CIP数据核字（2023）第112699号

策划编辑：邹爱
责任编辑：肖静 邹爱
封面设计：ALi
内文制作：谭珺
————————————————
出版发行：中国林业出版社
（100009，北京市西城区刘海胡同 7 号，电话 83223120）
电子邮箱：cfphzbs@163.com
网址：www.forestry.gov.cn/lycb.html
印刷：河北京平诚乾印刷有限公司
版次：2023 年 11 月第 1 版
印次：2024 年 6 月第 2 次
开本：880mm×1230mm 1/32
印张：6
字数：200 千字
定价：56.00 元

儿童需要自然

　　自全球新冠疫情暴发以来，迫不得已的居家生活让人们真切体会到了自然的重要。居家电子设备虽然为孩子提供了很多娱乐活动，但相比之下，户外环境为儿童提供的现实体验，包括不同声音、气味、形态、观点、想法和认知方式，这些是室内无法复制的，尤其不能通过屏幕来复制。大自然是释放儿童天性的最佳场所。

　　越来越多的研究发现，儿童在户外环境中的游戏经验是他们健康发展的基础，他们在户外游戏时，可以验证自己的想法和理论，完善理解，并发展各种技能。"大自然提供了持续的学习契机、无尽的发现机会和进行批判性思维的无限理由。"当你抚摸大树的树干、观看叶子上的露珠时，或者在夏日慵懒的下午听蚱蜢的嗡嗡叫声时，那种微妙的感觉，是家里任何东西都无法与之比拟的。儿童知道如何寻找大自然的美，无须过多引导，他们就会发现、观察并沉迷于大自然的神奇。如果自主学习是能力的核心，那么户外游戏就是一个很好的起点。大自然中充满着数学、文学、艺术、体能、社会性和情感……我们只要留意观察儿童在大自然中的游戏和快乐，就会知道他们内心对大自然有多渴望！

大自然中拥有丰富的学习素材、有趣的自然游戏，真正的挑战在于作为家长和儿童教育工作者，能否看见它们。让户外游戏成为如今和未来儿童的主要游戏，儿童需要有归属感的环境，需要与他人建立积极、赋能的关系，自然环境对儿童健康发展至关重要。

这本《和孩子的自然游戏》包含了游戏、工程、手工、实验、园艺，易学可参，会让你迫不及待地冲到户外，尝试一些新东西。我们不需要刻意去寻找一个大花园，居住的小区或就近的公园、户外空间都可以，这些活动和它们带来的乐趣一定会让亲子时光更和谐、更温馨，并为你带来户外玩耍独有的快乐和健康。

让我们跟随本书，一起去拥抱大自然，在大自然中更健康、更快乐地成长！

程敏

2023 年 4 月

在自然中长大

小时候大人都很忙，孩子们空闲的时间比较多，常常在家附近的荒野草丛里奔跑、发呆、捉蚂蚱、编草绳，在河滩上寻找一块又一块的石头，想象它是小狗、小猫、猴子……然后带回家去慢慢地涂鸦，这些静谧而不被打扰的时光，完整了现在的我，自然能给予我们无限的安宁和满足。

很多人问，什么是自然教育？我想，把那份对自然的热爱传递给孩子们，就是最好的自然教育。渴望在夏日的雨后赤脚走进有水的草丛，渴望风拂脸颊的清凉惬意，渴望在满是鹅卵石的河滩里戏水。为一朵花惊叹，为一株草驻足。记得小时候父母在园子里种植着各种蔬菜和月季，虽然那时我不劳作，却能从他们每日照顾植物的喜悦中感到满足。

每个孩子都拥有内在的创造力，给他们充足的时间、丰富的自然材料，他们能创作出让人惊叹的作品，自然教育的目的不是要教授孩子们知识，而是引导他们带着发现的眼睛去观察，洞悉一切，看见独一无二的自己，被自然滋养。

最喜欢探寻城市角落里无人照看的荒野，喜欢树林深处的那一汪池沼，喜欢阳光下绚烂的野花、肆意生长的野草，喜欢在静谧的天空下聆听虫鸣鸟啼。

我们想要带着孩子寻找的，是生机盎然的热土。生活从来不是只有风花雪月，当夏日的狂风暴雨来临，树木会拼尽全力地抓住泥土，它的根也越扎越深，枝丫不断地向上伸展，守护着栖息于它的生命，无声无息，坚韧向上，生命的意义都藏在简单的自然里。

带着对自然的热爱与敬畏，和孩子们一起，去野外走走，感受晴朗、风雨、寒冷、温暖。用简单的材料孕育幻想，去探寻和发现。

让孩子们的指甲里塞满泥土、头发里藏着野草。此刻，他们的眼睛里会散发坚定而迷人的光芒，身体里会融入自然的归属感，他们在四季流转的星球上获得无尽的创造力。

目录

手工类

探究类

游戏类

艺术类

大自然表情

大自然本身就是伟大的艺术家，它色彩斑斓却不妖娆，形态各异却不杂乱。世界从不缺少美，而是缺少发现美的眼睛。

林地上的落叶、种子和树枝，稍加摆弄，就变成了独一无二的艺术品。大自然丰富的创作材料，成为孩子们取之不尽的灵感来源。这个活动帮助孩子们用简单的自然材料进行创意设计，用独到的眼光发现美，感受作品与大自然融为一体、相得益彰。

用自然材料制作各种表情，使抽象的情绪变得形象化、可视化，告诉孩子们这些情绪不管是好的还是坏的，都是我们的一种表达方式。正视自己的情绪，并学着控制它。

◎ 材料：

1. 绘图纸
2. 白胶或者热熔胶枪
3. 各种自然材料
4. 各种表情图片

◎ 活动地点：

树林、生态资源丰富户外、山野、绿地。

◎ 引导：

一起来玩玩表情游戏吧。提前准备好各种表情卡片，孩子们抽到哪一张，就模仿图片上的表情——哭泣的、快乐的、幸福的、伤心的。今天我们要用植物制作表情，怎么做呢?

◎ 活动过程：

1

让孩子们看表情图片，玩表情游戏，认识不同的表情，理解情绪的表达。

2 如何用植物来制作各种各样的表情呢？启发孩子们思考，家长或者老师可以示范。

3

寻找树枝、落叶、石头等。

4

提醒孩子们想想自己要制作的表情，开始自由创作。

把孩子们做好的表情画用热熔胶枪或者白乳胶固定在纸上，也可以直接摆在草地或路面上。

在树林里举办一场大自然表情画展吧。

注意事项及延伸

　　整个创作过程孩子们兴致盎然，他们只需要在画纸上摆弄收集到的枯枝、落叶等凋落物，所以创作速度也非常快，创作完成后还会对着自己的作品哈哈大笑。他们用芦苇做头发，用树枝当胡子，用石头代替牙齿，每一幅画作都充满着自然的灵动，孩子们真正地享受自由创作的乐趣。

　　不同的材料，可以表现不同的面貌特征，眉毛向上或者向下，嘴巴张开或者闭上，不同的脸型，不一样的惊喜。年龄较小的孩子摆好的作品，需要老师或家长帮忙用胶水进行固定，也可以直接在草地上进行创作，不用受制于画幅的大小。

寻找自然里的线条

	直线	
	曲线	
	折线	
	波浪线	
	放射线	

自然里的线条

自然里也藏着伟大的艺术,线条是艺术中不可或缺的一种元素。当孩子们拥有了一张任务单,他们更加乐于挑战。带领孩子们通过对周边环境的观察,寻找自然里的线条,培养孩子们的观察能力和对自然物的感知能力,运用线条来创作作品。

从具象到抽象的过程也能锻炼孩子们对图形的概括能力。

◎ 材料:

1. "寻找自然里的线条"表格
2. 双面胶
3. 夹板
4. 画笔、画纸

◎ 活动地点:

自然资源丰富的公园或者生态树林。

◎ 引导:

首先要带孩子们认识几种常见的线条,直线、折线、曲线……让他们知道线条是绘画的基本表现形式,大自然里也藏着各种各样的线条。观察周围的环境,你能发现哪些线条呢?树木笔直的躯干,云朵弯弯的弧线……再把事先准备好的树叶拿出来,让孩子们仔细地观察。从树叶中,你能发现什么样的线条?通过观察叶形、叶脉,孩子们会有不一样的发现。这是一个引导孩子们从宏观到微观的仔细观察过程。

◎ 活动过程：

1

线条是绘画的基本表现形式。一起看看表格上的线条，认识一下它们。

2

引导孩子们去观察自然。（从宏观到微观）

寻找自然里的线条

⦀	直线	
CC	曲线	
MM	折线	
⟩⟩⟩	波浪线	
⩔	放射线	

3 鼓励孩子们认真观察，寻找表格上的自然线条。

4

让孩子们将作品摆在一起进行讨论，说说还发现了什么特殊的线条。

5　请孩子们用这些线条的叠加重复来创作一幅艺术作品。

6　时间充裕的话举办一场森林画展吧。

注意事项及延伸

　　线条是有些抽象的，而自然物又比较具象，所以前期的引导和观察非常重要。直线相对来说要简单得多，折线和曲线常常是一个孩子发现了，其他孩子也能慢慢发现，完成全部任务。当然，同伴的合作也同样重要。孩子们找到的射线也都不一样，你会惊讶于他们的独特发现。

　　这个游戏为孩子们提供了发现的机会。寻找不同的自然物的过程中，孩子们需要去观察、触摸，这也为他们提供了很好的感官体验。

寻找自然里的线条

⫴	直线	
((	曲线	
⋀⋀	折线	
⎰⎰⎰	波浪线	
⎰⎰⎰	放射线	

大自然画笔

　　大自然是最生动的美育教室。在这里，孩子们都变得更加通透和富有创造力。用自然物制作画笔，能够发展孩子们运用身边自然物来创新设计的能力。丰富的材料，可激发孩子们的艺术情感；足够大的画纸，让孩子们可以放开手脚去创作。自然也可以很艺术。

◎ 材料：

1. 麻绳（绳子）或者橡皮筋
2. 画纸（尽量选择 1m 以上大小），也可以用裁剪开的大纸箱
3. 颜料和调色盘（调色盘也可以用树叶替代）
4. 剪刀

◎ 活动地点：

　　有落叶的公园或树林。

◎ 引导：

　　引导孩子们观察大自然里的色彩。大自然真是一幅多彩的画！我这里有一张大大的纸，我们一起来描绘吧。把画纸铺在平坦的地上，看到足够大的画纸孩子们已经很兴奋了，一张 A4 纸绝对不能带来这样的快乐。但是我只有颜料，没有带画笔，怎么办？引导孩子们去思考，寻找解决问题的办法。

◎ 活动过程：

① 制作大自然的画笔，寻找大小合适的树枝做笔杆、笔刷的材料。孩子们可以自由发挥，花朵、干枯的树叶、柔软的狗尾巴草等。

② 开始制作，把用来制作笔刷的材料用绳子或者橡皮筋捆绑在笔杆上，可以用剪刀进行适当的修剪。

③ 用笔刷蘸取颜料，开始自由作画。

④ 在树林里为孩子们办一个小画展，请他们讲讲自己的创作。

注意事项及延伸

这是一个开放性的多感官体验活动，在大自然里学习，孩子们会变得更加愿意去尝试和探索。你会看到他们慢慢打开自己的手，打开自己的心，创作内容越来越丰富，创作方式越来越奔放自由。

制作笔刷的过程可能需要家长或者老师帮忙捆绑结实。

最后的展示环节很重要哦，当大大的画作被挂起来的时候，孩子们内心的小小自豪感油然升起。

大自然相框

大自然蕴藏着无尽的生命力。秋天里植物呈现的色彩更加丰富，没有什么可以比拟自然的原色。大自然的馈赠让艺术家们找到色彩的灵感，这是温柔而宁静的力量。用随处可见的落叶、树枝制作艺术相框，培养孩子们的艺术感知能力和观察能力，利用简单的自然物进行艺术创作。

◎ 材料：

1. 纸板
2. 宽透明胶
3. 剪刀

◎ 活动地点：

山野、生态资源丰富的树林。

◎ 引导：

和孩子们一起聊聊在自然里的色彩以及色彩如何搭配。孩子们会更加关注植物的细节，叶子由绿到黄的渐变，花朵层层叠叠的排列，一棵树的轮廓，云朵不断变化的形状。引导孩子们先观察自然，再进行自由创作，前期的引导，会使孩子们产生更多的灵感。

◎ 活动过程：

① 把纸板裁剪成方框。

② 用透明胶带粘贴其中的一面，保留另外一面的黏性。

③ 去户外创作，将收集到的落叶按喜好粘贴在相框中。

④ 说说自己的创作。

注意事项及延伸

　　每个孩子都有自己的想法，他们或许只喜欢一种叶子的拼搭，或许喜欢用不同的色彩来搭配，或许只喜欢简单的两片叶子……拿着作品映着阳光，沉醉其中。每片叶子都会在孩子们面前鲜活起来，让他们自己创作，自己选择，每一幅作品都是独一无二的。

　　年龄较小的孩子可以用制作好的画框直接进行创作，大一些的孩子可以一起参与制作画框。

冻冰花

玩水、玩冰是孩子们的天性，可以满足他们的感官探索需求。把野花、野草冰冻起来，得到水的固体形态——冰，再移到温暖的地方，观察冰融化的过程。

这个活动可以帮助孩子们了解水的不同形态的发展变化，知道冰的熔点是0℃。多感官的体验让孩子们从中发现知识，学习知识，感受转瞬即逝的美丽。

◎ 材料：

1. 小碗
2. 绳子
3. 野花、野草
4. 冰箱

◎ 活动地点：

北方的冬季可以在户外进行，其他季节户外采集植物，冰箱冷冻。

◎ 引导：

看上去亮晶晶，摸上去冷冰冰，走上去滑溜溜，怕热不怕冷，晒了太阳湿答答。用一首谜语开始我们今天的活动吧。

◎ 活动过程：

① 户外搜集野花、野草，家里的植物或者蔬菜也可以哦。

② 小碗中灌水，把植物排列放进碗里。

③ 把麻绳对折插进水里。

4 将摆好植物和麻绳的小碗放进冰箱冷冻两个小时。

5 把孩子们的作品拿到户外展示，感受水的不同形式，体验
自然的另类之美。

注意事项及延伸

　　孩子们的创作形式和想法多种多样，让他们自由搭配创作。
户外展示的环节需要迅速地把冰块绑在绳子上。问问孩子们为
什么在户外冰块开始融化了。

　　阳光下的冻冰花异常剔透，水滴落下来，孩子们在下面忙
坏了，用手接，用脸接，感受这份转瞬即逝的美丽，了解水的
不同形态，在自然中体验、感悟、学习。

自然编织

　　这个活动可以让孩子们了解织物原本的样子，经线和纬线与自然物完美地融合在一起。在创作过程中，不必担心色彩搭配的问题，大自然本身就是完美的调色盘。编织的过程可以很好地锻炼孩子们的手眼协调能力，培养孩子的专注力，还可以帮助他们探索自然的无限可能，提高孩子们运用身边的自然物进行创造的能力。

◎　材料：

1. 树枝
2. 毛线
3. 放大镜
4. 一块经纬分明的面料

◎　活动地点：

原生态的户外区域。

◎　引导：

　　让孩子们拿起放大镜，观察面料的经纬线是怎么分布的，告诉孩子们，我们需要用身边的自然物来进行编织。

◎ 活动过程：

① 寻找四根树枝，并用绳子或者热熔胶枪将其固定成一个方框，正方形或者长方形都可以，尺寸大概为 30cm 左右。太小的话，孩子们不容易操作。

② 用毛线在左上角的起点位置打结，然后上下缠绕，作为经线。

③ 寻找自然植物，如果色彩丰富一些会编织得更漂亮。

4 把自然物一上一下地插进经线里，然后用手指向下压，让
自然物更加结实平整。

5 作品展览，请孩子说说自己
的编织。

注意事项及延伸

自然物的粗细不同，不用要求孩子们必须每根经线都上下
插牢，只要固定好即可。

这是一个持续不断的创造过程，独特的编织从孩子们手中
诞生，会增加他们对自然的兴趣和自信心。每一幅作品都是小
艺术家们不断探索、不断改进、不断完善的结果。与自然完美
连接，孩子们的自豪感油然而生。

寻找自然里的色彩

　　这个活动可以培养孩子们对细节的敏锐观察力及对色彩的感知能力，这对他们语言能力和艺术创作都会有很大的帮助。回想一下，藏在记忆里的是否总是关于自然的画面，或许是阳光下树林里深深浅浅的绿色，或许是风吹过麦浪的金黄。大自然本身就是流动的调色盘，每一种颜色都和谐地融汇在一起。带着孩子，寻找自然里的色彩，调动全部感官，去发现每一个不同寻常的细节吧。

◎　**材料：**

1. "自然里的色彩"任务单
2. 双面胶
3. 夹板

◎　**活动地点：**

　　自然资源丰富的公园或者生态树林，色彩会更加丰富。

◎　**引导：**

　　自然里的色彩一直是艺术家们创作的源泉。观察周围的环境，你能发现什么颜色？引导孩子们宏观观察外部环境，再近距离给孩子们看看一片落叶。它是什么颜色？引导孩子们从宏观到微观来观察，原来一片叶子也藏着丰富的色彩，根部的绿色到红色再到叶尖的黄色。我这里有一张关于色彩的任务单，试试看，你们是否能在大自然里找到这里面的色彩？

◎ 活动过程：

1

分发任务单，让孩子们把任务
单固定在夹板上。讲解任务单
上的色彩，告诉孩子们找到接
近的颜色即可。

2

任务单贴上双面胶。

3

划定一个安全的范围，孩子们
根据任务单寻找自然里的色
彩，并粘贴到任务单上。

4 说说你发现的颜色。

注意事项及延伸

　　活动后孩子们对周边自然的色彩更敏感了，活动结束后在回家的路上，还在不断地发现有趣的色彩，看到特别的颜色都会蹲下来观察、与其他孩子交流。原来自然里除了满眼的绿色还有更多不一样的色彩，如果时间比较充裕，可以一起制作自然曼陀罗（搜集不同的叶子、石头、树枝，拼绘大地艺术），增强对色彩的感知能力。

　　有的孩子可能会比较认真，一定要找到一模一样的颜色才肯罢休，提醒孩子们找到接近色卡的自然物即可。

自然里的色彩

植物创意写生

艺术源于自然，能给人以心灵的碰撞和感悟。引导孩子们对植物细节的观察，体会一花一世界的美妙。在这个自由的空间，孩子们就是真正的国王。

◎ 材料：

1. 放大镜
2. 笔
3. 画纸
4. 画板

◎ 活动地点：

户外观察，室内绘画。

◎ 引导：

划定一个 1m 见方的小样地，或者选择户外的一种植物，请孩子们拿起放大镜仔细观察，想象自己变成了一只小昆虫，问问他们发现了什么。地上搬动食物的蚂蚁，叶子后面捕食的蜘蛛，阳光透过树叶的闪闪光影，埋进泥土里的一块粗糙树皮，被毛虫啃过的叶子，树下的一个神秘洞穴……这里的一切，当我们安静地用心观察，竟然都是那么新奇。

观察之后，再引导孩子们展开想象：这一株小小的植物，是蚂蚁和蜘蛛的栖息地，它们会怎么建设这里呢？这里会发生怎样的故事？

◎ 活动过程：

1

用放大镜观察植物周围的生态
环境，想象自己变成了小昆虫，
引导孩子们展开丰富的想象力。

2

寻找喜欢的物体，可以是一朵
野花，一片树叶，也可以是一
段腐木，还可以是一颗石头，
进行写实绘画。

3

孩子们观察选定的物体，并尽
量真实地描绘出来。

4

在画好的植物上展开想象力，从这里开始可以是一个城市，可以是一个地下王国，可以是浩瀚的宇宙，这里会发生什么故事，住着怎样的居民？

5 孩子们尽情地挥洒创意，想象他们是这里的国王，希望怎样建设自己的国家？

6 举办一个小型画展，请孩子们说出自己的创意。

注意事项及延伸

　　真实地描绘自然景物，再展开丰富的想象，真实与想象交融碰撞，迸发出耀眼的火花。艺术创作可以使孩子们打破固有思维模式，在想象的旷野任意驰骋。

　　你会惊讶于孩子们的想象力，一根树枝变成了一座城市，一个洞穴变成了地下宫殿，吐丝的蜘蛛为孩子们建了一座开心的游乐场……

感官类

自然大侦察

找一种天然岩石 ☐

找一种有臭味的植物 ☐

找一种有香味的野草 ☐

找三种黄色的野花 ☐

找三种果实 ☐

找一种带刺的植物 ☐

找一个空的蜗牛

我是小小自然侦察员

　　孩子们对自然环境的五官感觉比成人要更敏感，多带他们去户外走走。当孩子们用视觉、听觉、嗅觉、味觉、触觉五种机能去感知，就建立起了和自然的亲密联系，开阔的感官更能够塑造他们健全的人格，培养其努力探索的精神。

　　我们身边的每一种植物都是道法自然的奇迹，而我们却常常视而不见。在这个活动中孩子们将变身小小侦察员，去大自然里寻找任务单上简单的自然物，这不仅能引导孩子们主动地探索自然，还能让他们通过细致入微的观察，融入自然。孩子们需要运用五官，不断地去触摸，去感受，去闻，去思考。一次次的失败，孩子们更能体会、理解各种事物。这样的过程，可以不断提升孩子们的观察能力，培养其探索精神。

◎ 材料：

1. 任务单
2. 双面胶（布基胶粘贴效果更好）
3. 签字笔
4. 夹板

◎ 活动地点：

户外。

◎ 引导：

　　用神秘的语气告诉孩子们：今天有侦察任务要交给你们，需要寻找的东西都在这份任务单里。听到有任务需要执行，孩子们的眼睛都亮了。

◎ 活动过程：

①

讲解任务单，分发、布置侦
察任务。（对于不认字的孩子，
这个环节很重要。）

自然大侦察

找一种天然岩石 ☐

找一种有臭味的植物 ☐

找一种有香味的野草 ☐

找三种黄色的野花 ☐

找三种果实 ☐

找一种带刺的植物 ☐

找一个空的蜗牛 ☐

②

根据任务单上的任务进行引导，问问孩子们这个区域哪里会有
岩石，哪里会有种子，以及种子是什么样的。（种子的形态很多，
狗尾巴草、香樟树果实都是植物的种子。）怎样才能知道叶子是
臭臭的还是有香味的？空的蜗牛壳会出现在什么样的地方？（潮
湿的）用问题启发孩子们去思考，才不至于在活动的时候盲目
地寻找。（这一步很重要哦！）

③

任务单上贴上双面胶。

④ 开始侦察任务，寻找自然物。

⑤ 孩子们一起分享，说说自己是怎样完成任务单的。

注意事项及延伸

如果不熟悉环境，这个任务单让孩子们单独完成可能会有些困难。孩子比较多的话，建议两人分组进行。孩子们互相商量合作更容易完成任务。

草丛里，有的孩子被拉拉秧绊倒了，腿上划了一道红印，这不就是我们要找的带刺植物吗？疼痛不算什么，完成任务才是最重要的。孩子们去寻找香香和臭臭的植物，需要不断地用鼻子闻。这时，他们也闻到了自然的芬芳和泥土的清新。

水泥和瓦片是天然的吗？看似一块简单的岩石，需要孩子们睁大眼睛努力寻找。

我们本就是自然的孩子，在大自然里孩子们更容易获得敏锐的感受能力，在活动过程中也能体会合作的愉悦。

自然大侦察

找一种天然岩石 ☐

找一种有臭味的植物 ☐

找一种有香味的野草 ☐

找三种黄色的野花 ☐

找三种果实 ☐

找一种带刺的植物 ☐

找一个空的蜗牛 ☐

和孩子的

泥巴乐园

泥土，孕育了万物，所有的生命起始于此。亲近泥土，就是融进了自然。

如果你能找到一个自然生态的野外环境，了解这里并没有使用杀虫剂及农药，那么你可以放心地让孩子玩泥巴了。泥巴里富含丰富的益生菌，这比购买的彩泥要更加安全可靠。

泥巴的可塑性很强，孩子们通过运用不同的自然材料进行再创作，能很好地促进他们的想象力、创造力，以及亲近自然的能力。不要担心泥巴会弄脏了衣服，来吧，弄脏自己也是一种勇气。

◎　材料：

1. 泥土、水
2. 小铲子、小桶
3. 植物素材

◎　活动地点：

没有污染的户外生态环境。

◎　引导：

玩泥巴对于有些孩子可能是一种挑战，家长和老师玩泥巴的热情能让孩子们减少可能会弄脏自己的担忧。如果有制作好的成品作为示范，孩子们会更加愿意去尝试。他们可以依据自己的兴趣选择想要制作的泥巴作品。

◎ 活动过程：

1 鼓励孩子们说说自己将要进行的创作，这个创作可能会用
到的自然物是什么？

2 挖土，去除泥土里的杂质，寻找植物、种子等创作素材。

3 如果土有些干，需要混合水，让泥土变得更加有黏性。

4 展示孩子们的作品，并让他们为作品取一个名字。

注意事项及延伸

泥巴作品完成后，可以让孩子们用水给自己的创作润一润，作品会更加光滑细腻。问问孩子们泥土是什么味道的。

孩子们用自然材料尽情地发挥，他们可以做任何想要的美食，甜点、比萨、冰激凌……也可以制作充满想象力的小怪物雕塑，甚至可以做一个汽车乐园。取之不尽的泥土让孩子们在自然里插上想象的翅膀，自由游戏，尽情翱翔。

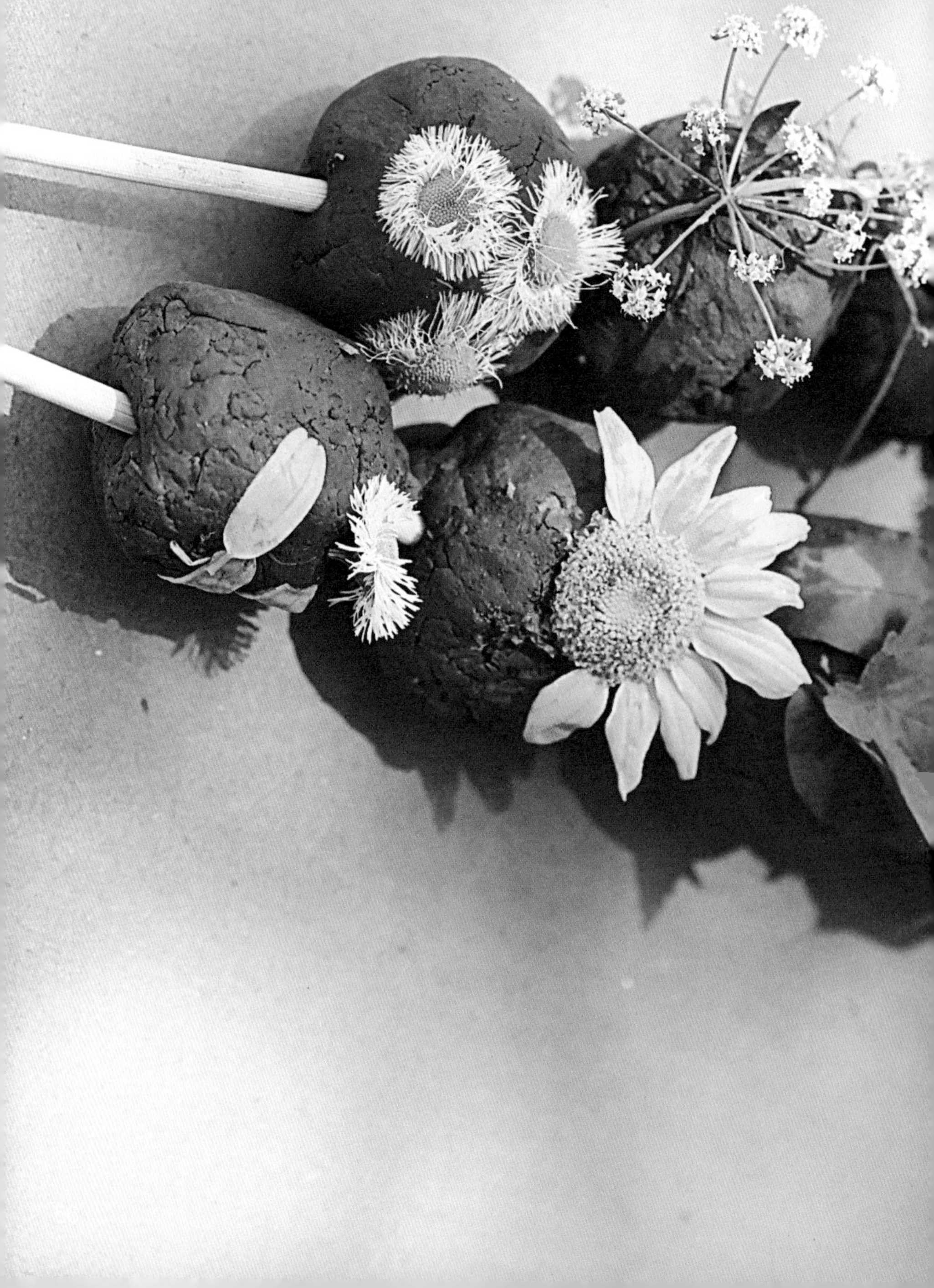

搭建动物游泳池

这是一个多感官的体验游戏，孩子们首先需要明确自己想要搭建的场景，是池塘？水坝？游泳池？再去选择合适的材料，这个过程中他们需要不断地思考，调整设计。这更有助于孩子们创造力的提升，自然材料如何稳定摆放能发展他们的手部精细动作。孩子们用讲故事的形式来介绍搭建好的场景，可培养他们的语言能力。

◎ 材料：

1. 锡箔纸
2. 蓝色颜料和水
3. 卡通动物玩偶
4. 自然物（树枝，石头，种子等）
5. 塑料盒子或者大纸盒

◎ 活动地点：

原生态的户外区域。

◎ 引导：

手拿玩偶说：天气很热呀，小动物们都想去玩水。于是，他们决定要建造一个森林游泳池，我们一起来帮助他们建造吧。故事的引入使孩子们更容易投入其中。与水有关的活动，几乎没有孩子不喜欢。

森林游泳池是什么样子的，怎样装饰？先启发孩子们自己来构思、设计。

◎ 活动过程：

1

把泥土装进盒子里，修整成
四周高、中间低。

2

水池底部铺上锡箔纸。

3 加水调制蓝色颜料。

4 寻找用来装饰泳池的自然物如石头、树枝等。

5 装饰泳池。

6 编一个故事，说说森林泳池
里发生了什么。

注意事项及延伸

锡箔纸容易破，在铺设的时候要小心，防止有漏水的情况。

这个活动可以设定为微景观设计，也可以是低龄幼儿的感官盆设计，还可以是一个自然小剧场，孩子们可以编排一系列的动画片和故事。

孩子们从参与场景的搭建到编排故事，全程参与意识都非常强烈。建好的游泳池作品，让他们非常骄傲。

石头变变变

　　每一块石头都是独一无二的，经风化、坍塌后流入水中，再历经雨水的冲刷和彼此之间的相互碰撞，才变成了如今圆润的鹅卵石。我们对于石头、木头等自然之物都有着独特的情感，这是人造材质无法给予的。

　　这是一个关于石头的自然活动，首先通过认知鹅卵石，用抽取任务单的形式增加幼儿对形状的认知。然后，把石头叠起来，锻炼孩子手部的精细动作，以及对于平衡点的判断。最后，关于艺术绘画，认知五官及情绪表达。

◎　材料：

　　1. 形状纸板
　　2. 丙烯马克笔
　　3. 石头
　　4. 任务单
　　5. 剪刀

◎　活动地点：

　　河边、海边等有石头的环境。

◎　引导：

　　给孩子们讲述鹅卵石的形成过程，用抽取任务单的形式开展游戏。

◎ 前期准备：

1. 制作形状纸板，帮助孩子们认识各种几何形状。

2. 把任务单剪下来。

3. 寻找石头。

◎ 活动过程：

1 讲解鹅卵石的形成过程，让孩子们摸一摸鹅卵石（触觉发展）。

2 用形状纸板教会孩子们认识 6 种基本的形状：圆形、三角形、正方形、长方形、梯形、椭圆形。

3 搜集石头，抽取任务单。自主选择会更有乐趣。

4 叠石头。怎样放石头才能稳当呢？引导孩子们找到平衡点。小一些的孩子可以选择金字塔式的堆叠方式。

5 准备丙烯马克笔，让孩子们抽取眼睛、鼻子、嘴巴任务单，用笔在石头上画出任务单提示的内容（提示孩子每一次都画不一样的眼睛、鼻子和嘴巴）。

6 在圆形、三角形或者长方形的纸板上摆上画好的眼睛、鼻子和嘴巴吧，看看能拼出什么样的表情。

注意事项及延伸

　　当孩子们知道鹅卵石是经过千百万年的冲刷才来到这里时，他们都瞪大了眼睛，感叹大自然的神奇。有的孩子低头抚摸着石头，有的孩子开始不断地寻找，嘴巴里还不停念叨："我找到了一个年纪很大的石头……"

　　叠石头。孩子们会经历很多次的失败，但看到石头都立起来时，他们会成就感满满。年龄较小的孩子用很多石头堆成金字塔状即可，尽量搭得高一些。

　　在石头上画五官。他们肆意地挥洒创意，各种各样的五官拼出不同的表情，这让整个活动都充满了新奇的趣味。

石头变变变

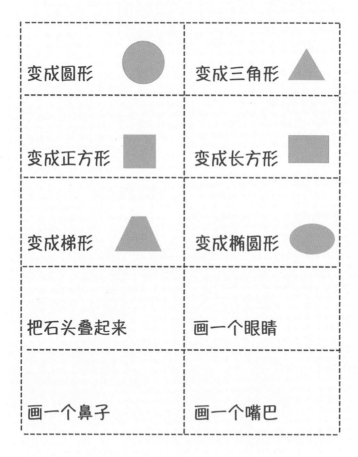

变成圆形	变成三角形
变成正方形	变成长方形
变成梯形	变成椭圆形
把石头叠起来	画一个眼睛
画一个鼻子	画一个嘴巴

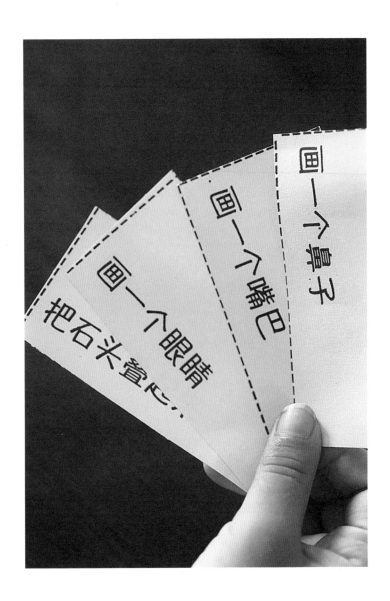

植物数字启蒙

这是一个关于 5 以内数的认知活动，适合三岁左右的孩子。在大自然里展开，它就变成了一个多感官的活动，孩子们需要仔细观察、触摸和发现。一个简单的任务单，让今天的逛公园充满了知识和趣味，即使是幼小的孩子，他们也非常乐于探索。这个活动能够培养孩子们的观察能力、触觉感知能力，帮助孩子们初步了解 5 以内的数字概念。

◎ **材料：**

1. 任务单
2. 夹板
3. 双面胶

◎ **活动地点：**

户外。

◎ **引导：**

运用儿歌：1 像铅笔来写字，2 像鸭子水上游，3 像耳朵听声音，4 像红旗迎风飘，5 像钩子挂衣服。帮助孩子们认识 5 以内的数字，带领孩子们用手指点读数字后面对应的圆点数，帮助幼儿做到点数一致。解读任务单的要求，孩子们变身数字侦察员去完成任务。

植物数字启蒙

1 花

2 种子

3 石头

4 叶子

5 树枝

◎ 活动过程：

①

儿歌引入，认识数字，解读任务单上的要求，开始完成侦察任务。

植物数字启蒙 🌱

1 🌸 花	●
2 🌰 种子	● ●
3 🪨 石头	● ● ●
4 🍃 叶子	● ● ● ●
5 🌿 树枝	● ● ● ● ●

② 孩子们寻找对应的自然物，完成任务单。

③

用点物数对应的方法，核对完成的任务单是否正确。

④ 说说活动过程中你还发现了什么特别的植物或者昆虫（幼儿在活动过程中可能会偏离任务，被特别的昆虫或者植物吸引，这时大人不要去打扰，这不单单是一个数的活动，也是一个体验自然的观察活动）。

注意事项及延伸

这个活动任务，孩子们需要调动所有的感官去完成，不断地观察、寻找、触摸。在对周围环境不熟悉的情况下，虽是简单的任务，幼儿还是难以在短时间内完成。试试不打扰，会发生什么。

数字会在孩子们的脑海中一遍遍地加深，但对自然的感知却在不经意间留在记忆的深处。孩子们在寻找的过程中会发现很多有趣的动植物，任务单帮助他们愿意蹲下来静静地观察与思考，树林深处长刺的叶子你见过吗？蜘蛛的网你是否触碰过？发现枯叶下迅速卷起的皮球虫，是怎样的体验？不着急，给孩子充足的时间慢慢寻找，任务不是目的，闪亮专注的眼神才是。

植物数字启蒙

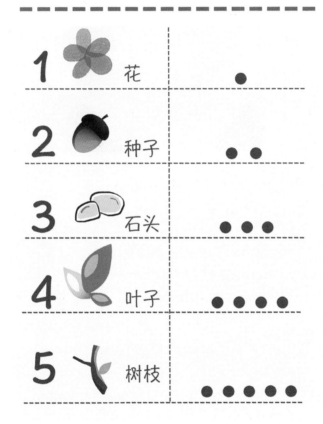

1	花	●
2	种子	● ●
3	石头	● ● ●
4	叶子	● ● ● ●
5	树枝	● ● ● ● ●

看不见的森林小路

视觉是我们最为依赖的感官，如果蒙上眼睛，屏蔽了外界的纷扰，孩子们必须调动其他的感官去听，去感受，去触摸。这对他们来说是一个新奇的挑战，不用眼睛，只沿着绳子的引导去探寻。孩子们触摸到的事物变得有趣，闻到的味道变得独特，听到的声音变得奇妙。

◎ **材料：**

1. 眼罩
2. 9m 以上长度的绳子
3. 画纸和笔

◎ **活动地点：**

树林。

◎ **引导：**

活动之前带着孩子们感受树林的宁静，闭上眼睛听听树林里的声音，抱一抱大树，感受树皮在指尖的触感，抚摸一下毛茸茸的狗尾巴草……带孩子们初步地感官体验树林，保持平静的心态来进入活动。

给孩子们布置任务：记住你听到的声音，以及你走过的路线，还有你触摸到的植物。

77

◎ 前期准备：

　　尽量寻找生态环境丰富的树林，把绳子的一头固定在树干上，相隔 3m 左右再缠绕固定，路线长短可以根据孩子的年龄的大小做出改变。路线设置要有不同的感受，有低矮的灌木丛和高大的树木，有脚下松软的泥土和身边长长的狗尾巴草，有嘎吱嘎吱作响的落叶，有知了在树梢鸣唱。

◎ 活动过程：

① 让孩子们带上眼罩，一个孩子出发后，第二个孩子需要稍等一会再出发，以保持一定距离。提醒他们沿着绳子的一边行走，不着急，慢慢向前进。

② 孩子们分享自己听到的声音和触摸到的植物。

③ 给孩子们准备笔和纸，让他们画一画这条看不见的小路吧！

注意事项及延伸

　　当孩子们走在松软的泥土上，像是踩进了棉花糖里，连连惊叫，这里是什么，这里是什么？但是他们依然相信绳子给予的安全感，没有摘下眼罩，继续向前探索。孩子们从开阔的树林，到低矮的灌木丛，总能准确地沿着绳子一路向前。变化的小路充满了惊喜和神秘感。

　　注意每个孩子之间要保持一定距离，尽量把走得快的孩子和走得慢的孩子分开，在绳子缠绕拐弯的位置孩子们需要仔细地去辨认。如果是年龄较小的孩子，建议分组，他们需要老师或者家长的指引。

自然里的触感

毛茸茸的

光滑的

粗糙的

软软的

轻飘飘的

沉甸甸的

潮湿的

疼痛的

自然里的触感

　　各种精巧的玩具，闪耀的电子屏幕……孩子们被城市的现代化包围着，其感官的敏锐度正在逐渐降低。很多孩子对美的感受力正在慢慢变得迟钝，消失。蒙台梭利说过，感官是孩子与环境之间的接触点，心灵通过感官教育可以变得更加灵巧。

　　我们生来就是自然的一部分，拥有对自然的渴望，带领孩子们回到生命最开始的地方，调动一切感官去发现吧。这是一个需要用眼睛去发现、用小手去触摸的游戏，自然里的发现会给孩子们带来难忘的惊喜。它能提高孩子们的专注力、观察能力，以及五官的感受能力。

◎ 材料：

1. 任务单
2. 双面胶（布基胶粘贴效果更好）
3. 夹板

◎ 活动地点：

生态的户外区域。

◎ 引导：

　　今天有一份自然的侦查任务交给你们，现在我们一起来看看都有些什么任务。（给孩子们讲解任务单，因为字数比较少，6岁左右的孩子经过讲解基本都可以记住）。如果你们想找到光滑的东西，该去哪里寻找？有效的提问，可以引导孩子们去思考，这更便于他们完成任务。

◎ 活动过程：

 讲解任务单。

自然里的触感

毛茸茸的	光滑的	粗糙的
沉甸甸的	轻飘飘的	软软的
冰凉凉的	潮湿的	疼痛的

自然去自然教育

② 任务单上贴上双面胶。

③ 寻找任务单上的自然物。

④ 说说你的发现。

注意事项及延伸

触摸树皮，孩子们能感受到粗糙下的生命。触摸一朵花，柔软的花瓣会让他们感受到春天的温暖；触摸一株带刺的植物，疼痛下面是对万物的尊重……

孩子们总有各种各样的感觉，你会惊讶于他们的发现。孩子比较多的话，建议分组进行（一般两人一组），孩子们互相商量合作更容易完成任务。

芦苇的叶子摸起来是冰凉的，油菜花的种子竟是润润的，构树的叶子是毛茸茸的……听孩子们分享一下他们的发现吧。

自然里的触感

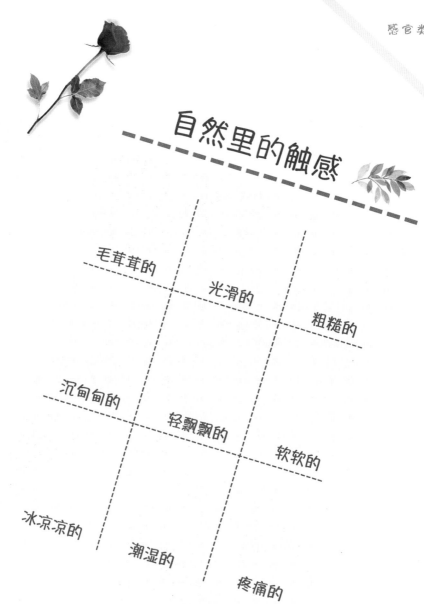

毛茸茸的

光滑的

粗糙的

沉甸甸的

轻飘飘的

软软的

冰凉凉的

潮湿的

疼痛的

手工类

春日里的花环

几乎所有的孩子对自然中的花朵、雨、雪、阳光、动物……有着天然的情感，在广阔的自然中，孩子们可以漫无边际地幻想。

自然教育需要我们实时地给孩子们提供可以自由创作的空间和材料，激发孩子们的创造力和想象力。这个活动可以引导孩子们利用身边的自然物进行艺术创作，发展孩子们的创造性思维，提高孩子们对自然物和自然环境的兴趣，激发探索欲望，感知四季。

◎ 材料：

1. 纸板
2. 剪刀
3. 气球或者拉旗（走秀场景布置）

◎ 活动地点：

有水的户外，河边、海边。

◎ 引导：

刚刚过去的冬天，寒冷又寂寞，走在开满花朵的野外是怎样的感觉？让孩子们说一说他们眼里的春天，想想什么可以代表春天，感受大自然的季节变化。

◎ 活动过程：

① 什么自然物可以代表春天呢？发芽的柳树、初长的小草、绽放的野花……今天我们一起制作春日的花环头冠。

② 用剪刀把纸板剪成一个圆环，在圆环上戳一些小洞。

③ 孩子们寻找树枝、树叶、花朵，插进圆环上的小洞。

4 用气球或者拉旗制作一个简易的背景，烘托氛围，举办一场春天的走秀大赛吧！让孩子们的骄傲尽情地展示，与春天共舞。

注意事项及延伸

大自然的风、雨、阳光能让孩子们茁壮成长，还能为他们提供一个更为和谐宁静的心灵世界。走进春天，在欢笑、观察、触摸中，寻找美的踪迹，感受自然的魅力吧。

每个孩子都是伟大的创造家，在自然里，艺术简单又纯粹，这个活动孩子们只需要剪和插，大师的作品就这样诞生了。给他们一个展示的舞台，让他们享受与自然相融的快乐吧。

和孩子的自然游戏

大地艺术——设计我自己

艺术可以帮助孩子们探索出无限的可能，当他们互相合作会碰撞出更多的答案。孩子们有自己独特的艺术视角，给他们提供丰富的材料和艺术创造空间，不打搅，他们一定会带给我们不一样的惊喜。

这个活动是运用身边的自然材料进行艺术创作，在这个过程中，孩子们一边掌握技能，一边通过艺术表达自己。

◎ 材料：

1. 与孩子身高大小相同的纸板
2. 剪刀
3. 自然材料

◎ 活动地点：

树林、草地或农场。

◎ 引导：

当告诉孩子们要在这个大纸板上画一画彼此的时候，他们兴奋得手舞足蹈。让孩子们分组画轮廓，他们可以自由地摆出想要的姿势。

◎ 活动过程：

1 分组画轮廓。

2 用剪刀把轮廓线剪下来。

3 孩子们寻找树枝、树叶和花朵。

④ 用自然材料进行创作设计。

⑤ 活动结束后，把自然材料填埋堆肥或者覆盖在农场的野草上。

注意事项及延伸

孩子们画轮廓线时如果穿着裤子，容易画得过于肥大，注意提醒孩子们沿着腿形来画。如果孩子比较小，轮廓需要大人或老师帮忙剪。

这是一个有创造力的活动，孩子们在讨论、合作中不断产生新的创意。带领孩子们用艺术书写脚下的大地吧，敞开心扉去观察，去感受，在自然里滋养身心，让艺术陪伴孩子们成长。

春日里的蝴蝶

拥有一双会飞的翅膀，几乎是每个孩子的梦想。当万物复苏的春天来临，和孩子们一起制作蝴蝶的翅膀吧！自然的画作总能触动你的心灵，童年的幻想从这里起航。

自然环境可以激发孩子们的想象力，作为家长和老师要为他们提供丰富的创作素材。制作蝴蝶的翅膀，不仅可提高孩子们的观察能力，还能让他们体验自由创作的快乐。

◎ 材料：

1. 大小合适的树枝
2. 宽透明胶带
3. 弹力绳或者普通绳子
4. 热熔胶枪（户外的话可选择充电式热熔胶枪）

◎ 活动地点：

生态田野。

◎ 引导：

走在初春的田埂上，清风拂面，野花摇曳，每个人都有着想飞的心情。引导孩子们观察花丛里飞舞的蝴蝶，翱翔天际的小鸟，问问孩子们它们有什么共同的特征？（都会飞，都有翅膀）接下来告诉孩子们，今天要制作一对会飞的翅膀。真的会飞吗？不试试怎么知道？

◎ 活动过程：

1

先画好设计图，想想希望用几根树枝来拼接。设计好之后，就可以按照图纸来拼了。

2

摆好的树枝翅膀用热熔胶枪固定。（所有的分枝最后都要固定在主干上，主干可以选择稍微粗一些的树枝）

3

在翅膀的主干上绑两根弹力绳或者普通绳子，作为背带。

4

用透明宽胶带缠绕在翅膀上，保留一面的黏性。

5

孩子们去野外寻找喜欢的花
草装饰翅膀。

6

带着春天的翅膀，在野外飞
翔吧！在这充满幻想的时刻，
引导孩子们创作一首关于飞
翔的小诗。

注意事项及延伸

　　当看着孩子们带上翅膀穿梭在林间，当孩子们静静地望向天
空，你不知道这中间发生了什么。也许，这一刻，自然给予的静
谧和欢愉，将成为孩子们生命里的珍贵回忆。

　　通过寻找自然物，培养孩子们对美的感知能力。他们天生
就是才华横溢的画家，随时都能轻松地挥洒出美丽的作品。

　　老师和家长可以在合适的情景下，带着孩子们创作一首小
诗，一起吟诵，不用在乎语句是否通顺，你会发现孩子们都沉
醉其中。

我的植物小书

孩子们是通过五官来感受世界的，五感能帮助孩子们对外界形成准确的概念。城市日常生活环境的强刺激，让孩子们身心处于一种相对紧张状态，应多带孩子接触自然，仰望星空、感受山野的风、谛听鸟鸣以放松身心。我的植物小书，用简单的材料带领孩子们认识植物，发现自然之美，感受自然的广阔与深厚。

◎ 材料：

1. 宽 80cm 以上的纸
2. 双面胶
3. 美工刀
4. 标签贴纸
5. 剪刀

◎ 活动地点：

户外。

◎ 引导：

带着孩子们读一本关于植物的科普书籍，认识各种神奇的植物。我们今天也要制作一本属于自己的植物小书。

◎ 活动过程：

① 给孩子们观看样本，介绍材料和制作方法。

② 把纸裁剪成 80cm X 13cm。

③ 长边向上折叠 6cm。

④ 向里横折再横折，制作封面，用双面胶固定住。

⑤ 正反面折叠，贴上标签纸。

6　去户外寻找你感兴趣的植物，记下植物的名字和搜集的时间。

7　展示植物小书，说说你搜集到的植物。

注意事项及延伸

　　孩子们自己制作小书，来回折叠是个难点，可能制作得并不完美，但这并不影响孩子们的探索兴趣。拥有一本自己制作的小书，了解关于大自然的"知识"，自豪地分享着搜集到的植物……

　　做好的植物小书需要压在书本里保存，否则叶子会干枯发皱。如果觉得将植物小书整体保存不大方便，也可以把植物单独拿出来夹在书本里，干燥成标本以后再插回小书保存。

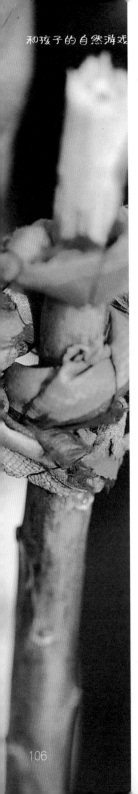

弯弓射箭

　　这是一个充满野性和幻想的游戏，孩子们化身丛林里的神秘猎人，弯弓射箭，能满足他们所有的英雄幻想。这个游戏可以培养孩子们的动手能力，学习如何打简单的结，在不断寻找制作材料的过程中，提升判断能力和对自然材料的灵活运用能力。

◎　材料：

1. 直径 3mm 以上的绳子
2. 剪刀
3. 脸部彩绘笔

◎　活动地点：

树林。

◎　引导：

　　提前为孩子们准备好脸部彩绘笔，使孩子们变身小小猎人。激发孩子们的兴趣，问问他们猎人去打猎需要什么工具。那么我们今天就来做一把真正的弓箭吧！

◎ 活动过程：

① 丛林探险，用脸部彩绘笔为孩子们脸上画上野性的图案，问问孩子们猎人的武器都有什么。

② 提前准备好已经做好的弓箭，问问孩子们都包含了哪些材料。（树枝和绳子）讲解弓箭的基本构造。树枝需要怎样的特点？（有弹力，可弯曲）

③

孩子们寻找有韧性的树枝。（这个过程中，孩子们需要不断地寻找，经历多次的失败，鼓励他们多尝试）

④

讲解如何打结才能让弓箭更有韧性。（树枝一定要轻轻地掰弯，然后用绳子把两头拉紧）

⑤

寻找适合做箭的树枝，太长不容易发射出去，太短不足以拉起弓。（孩子们需要判断捡拾的树枝长度）

6 学习如何射箭。

7 射箭比赛。

注意事项及延伸

对于低龄的孩子，这个活动充满了挑战。他们需要寻找合适的树枝，判断树枝的长短、是否有弹力。孩子们会经历一次次的失败，但他们善于学习，当一个人发现了有弹力、适合做弓的植物，其他孩子会马上模仿，所以最后每个孩子都能成功。

学习射箭的过程更是困难重重。他们会失败再失败，但坚持不懈地练习，总是会有回报的。低龄的孩子可能到最后都没有办法把箭射出，但是拥有一个弓箭就足以让他们骄傲地仰望天空。

射箭过程中请给孩子们设定一个目标物，并强调不可以射向人或者动物，务必确保在场人员的安全。

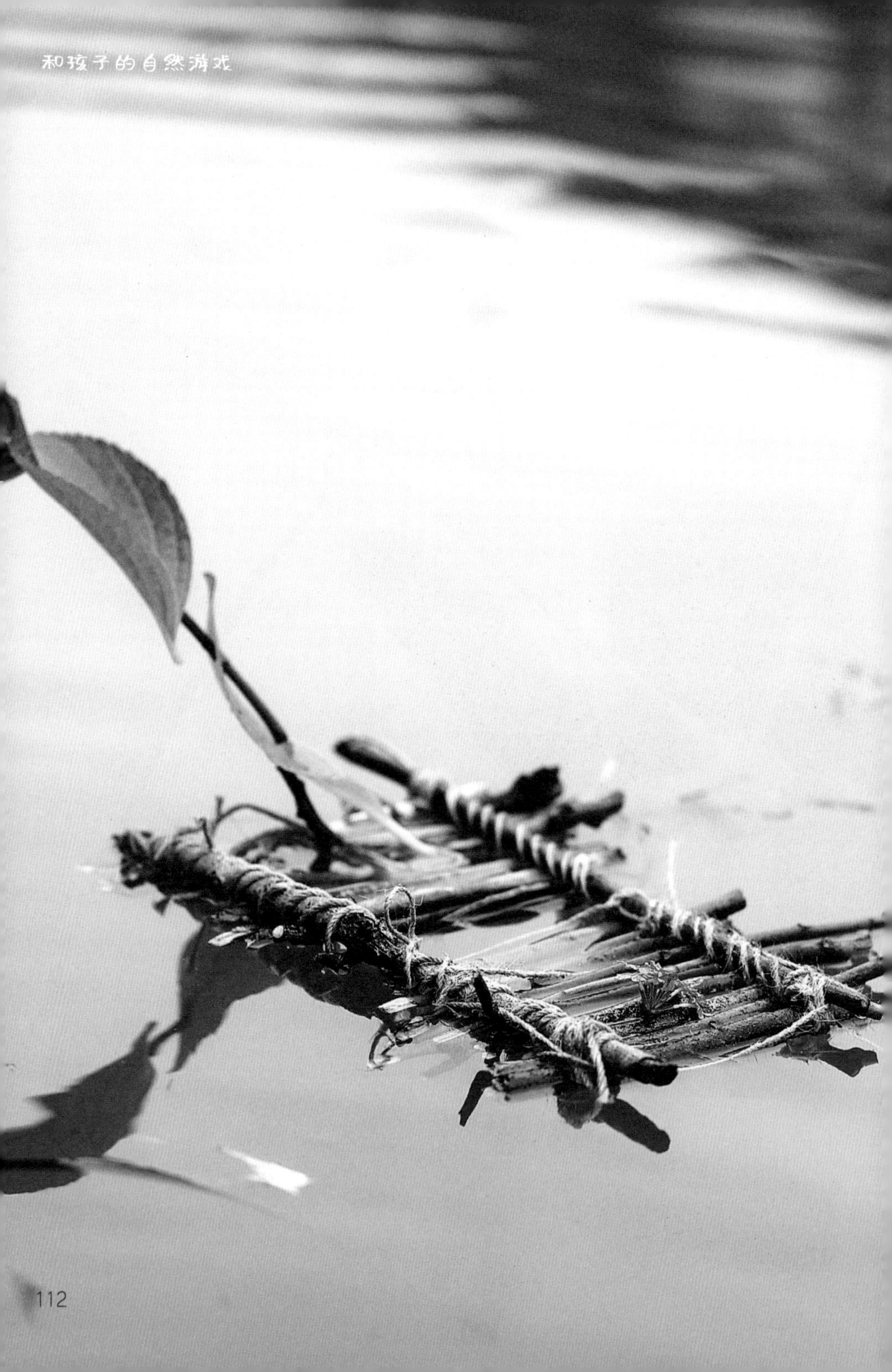

乘风破浪的小船

浸在液体中的物体受到向上的力，这个力叫作浮力。浮力的大小等于它排开的液体所受的重力。这就是著名的阿基米德原理。根据阿基米德原理，我们可以知道，当物体所受的重力大于它排开的液体所受的重力时，这个物体就会下沉。当物体的重量小于它完全浸没在水中时所排开水的重量，这个物体就会浮在水面上。

这个活动通过实验，帮助孩子们探索浮力的概念。通过建构木筏和连接木棍，发展孩子的手眼协调能力。

◎ 材料：

1. 树枝　　　2. 麻绳

◎ 活动地点：

有水的户外，小河边、湖畔、海边。

◎ 引导：

把石头（或者金属螺丝钉）扔进水里，你们猜猜是沉下去还是浮起来呢？（沉下去的。）那么看看旁边停着的那艘水泥船，它为什么漂浮着呢？（也可引导孩子们观察金属轮船的图片）孩子们仔细观察，得出：它是空心的。引出阿基米德关于浮力的定律：当物体的重量小于它所排开水的重量时，就会浮在水面上。

在一万多年前，人们发现树干、树叶能够在水里漂浮，于是把很多树干捆绑在一起制成木筏。木筏作为制作最简单的一种水上工具，也是最早出现的船只形象。后来人们发明了帆，利用风力帮助船只在水上航行。今天我们要做的就是木筏帆船。

◎ 活动过程：

① 引导孩子们了解沉浮的原因，知道船只最早的样子。

②

捡拾合适的树枝，四根粗一些的作为框架，较细的树枝供做木排。

③

先制作一个长方形框架，用麻绳上下缠绕，将细小的树枝固定在框架上。

④

将树枝穿过一片大大的树叶再插进船板中间。想想这片树叶帆能起到什么作用。风吹树叶，助力小船向前航行。

5

采集喜欢的植物装饰小船，
注入美好的情感。

6

和朋友们办一场帆船友谊赛
吧。

注意事项及延伸

　　只需要带上绳子，捡拾树枝，就可以制作一艘乘风破浪的
小船。看着小船随风远行，孩子们欢呼雀跃，沿着河道追赶了
很久，心里有不舍，但还有满满的祝福。

　　用绳子把树枝固定在一起是个难点，孩子们需要不断地调
整、拉紧，才能把筏子做得更加结实，下水后树叶帆容易倒塌，
如果用热熔胶枪把树叶固定起来，航行会更加完美。

和孩子的自然游戏

118

树枝乐器

这是一个把游戏和手工制作融为一体的自然活动。首先，让孩子们用耳朵聆听自然的声音，体验自然的完整鲜活；其次，通过手工制作，发展孩子们运用身边的自然物创新设计的能力，发展手部的精细动作；最后，让孩子们跟着节奏打节拍，也能够锻炼孩子们的专注力、聆听能力和对节奏的灵敏度。

◎ 材料：

1. 铃铛或者其他有孔的小物件（铃铛、扣子、贝壳都可以）
2. 分叉的树枝
3. 绳子或者扭扭棒
4. 眼罩（用来活动前期的引入部分，带上眼罩聆听自然中的声音）

◎ 活动地点：

森林公园或树林。

◎ 引导：

在安静的自然环境里，让孩子们带上眼罩，聆听自然的声音，你能听到什么，没有眼罩闭上眼睛也可以，大自然本身就是一首美妙的乐章，让人心情平和。你能听到什么？（种子落下的声音、清脆的鸟鸣、风穿过树叶的沙沙声……）今天我们要举办一场森林音乐会，但是没有乐器怎么办？我这里有铃铛，想想怎么把它变成乐器呢。

◎ 活动过程：

1

聆听自然的声音。（引导的游戏部分）展示制作好的树枝乐器或者设计图，向孩子们介绍制作步骤。

2 寻找分叉的树枝，制作树枝乐器。

3

把铃铛和有孔的小物件穿进绳子里。

4

把系上铃铛的扭扭棒固定在树杈两端。

5

举办森林音乐会，孩子们跟着节奏打节拍，两下、三下、四五下。增加难度，锻炼孩子们的专注力和聆听能力。

注意事项及延伸

　　在大自然里锻炼孩子们的专注力是一种非常有效的方式，可以让他们拥有更加敏锐的感受能力。孩子们的生活中往往夹杂了太多大人的干预，缺少感官的基本体验，放手让他们自己去看，去听，去体验吧！

　　用扭扭棒穿孔可能对于孩子们来说更加简单一些，年幼的孩子需要家长帮忙把绳子系在棍子上。最后的打节奏环节，可以根据孩子的年龄大小来设置难易程度。

自然风铃

大自然是最好的美育老师，艺术与自然总是如影随形。带孩子们近距离地观察自然，一朵花绚烂的色彩，一片树叶规律的叶脉，一粒种子浑圆的张力……都在用自己独特的方式呈现自然之美。野外取之不尽的自然素材，会激发孩子们无穷的创造力。制作自然风铃，可引导孩子们利用身边的自然物进行艺术创作，发展创造性思维，提高他们对自然物和自然环境的兴趣，聆听感受自然之美。

◎ 材料：

1. 麻绳
2. 无线热熔胶枪
3. 剪刀

◎ 活动地点：

树林或草地。

◎ 引导：

安静的树林里，引导孩子们闭上眼睛，听听风的声音，种子落下的声音，树叶碰撞的声音，鸟儿歌唱的声音，自己呼吸的声音……用耳朵感受自然之美。大自然的声音带给你怎样的感受？原来声音能让我们安静，感受美好，也能打动我们的心灵，一起制作一个自然风铃吧！

◎ 活动过程：

① 展示已经做好的风铃或者设计图，告诉孩子们基本的制作步骤和所需材料。

② 孩子们需要寻找三根长一些的树枝和其他喜欢的自然元素（树叶、种子、石头等）。

③ 把三根树枝用绳子绑成一个三角形。

将 3~6 根麻绳绑在其中一个边
上。

孩子们选择自己喜欢的自然元
素粘贴。

6　展示。

注意事项乃延伸

　　丰富的材料让孩子们肆意挥洒创意，大自然天然的艺术性
让无论怎么拼搭，都是独一无二的作品。创造为孩子们带来了
无穷的乐趣，也带来了满满的成就感。孩子们带着风铃回去，
挂在阳台上、屋檐下。风起时候，种子和树叶碰撞的声音，或
许能让他们置身于当时静谧的树林。

　　我们可以为孩子们购买各种玩具，但我们也应给予他们轻
松运用身边简单材料的能力。快乐应该是多样的，而唯有在大
自然里，美好才能悄悄藏在记忆深处。

探究类

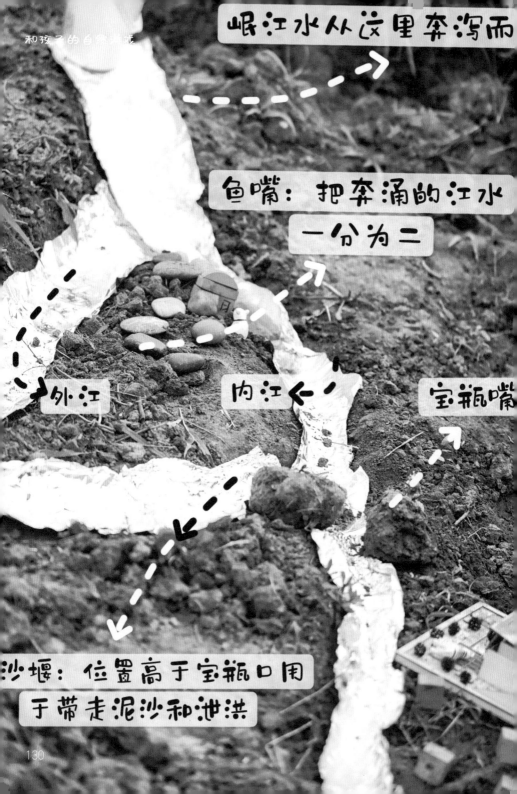

岷江水从这里奔泻而

鱼嘴：把奔涌的江水
一分为二

外江

内江

宝瓶嘴

沙堰：位置高于宝瓶口用
于带走泥沙和泄洪

建造水利工程都江堰

　　水利工程是人类因势利导利用水的一门学科，道法自然，人水合一，延续了两千多年的都江堰是真正的古人智慧。其采用无坝引水的方法把常发水患的成都平原变为了天府之国。

　　这个活动适合 5 岁以上孩子，能听懂都江堰的基本原理即可。在一片泥巴地上，几个孩子完全可以模拟出都江堰的基本样子，亲自动手开凿，孩子们更能深刻感受中国古人的智慧。模拟过程中，通过不断地调整，引导孩子们进行思考，锻炼他们的观察能力和实践能力。

◎　材料：

1. 关于都江堰的视频
2. 锡箔纸
3. 水桶

◎　活动地点：

户外。

◎　引导：

　　水可以干什么呢？可以喝，可以浇花、洗澡，没有水我们的生活会非常不方便，但是过多的水也会引起可怕的洪涝灾害，由此引出水利工程的概念。水利工程就是利用水资源和防止水的灾害的工程，包括防洪、排洪、蓄洪、灌溉、航运等。战国时期的成都平原一直深受洪水之灾，百姓苦不堪言，古人是如何做的呢？我们一起看看视频。

◎ 前期准备：

寻找都江堰的视频资料，老师和家长首先要了解都江堰的基本原理。第一部分：鱼嘴分流，对岷江水产生一定的阻力，一分为二，外江浅而宽，内江深而窄，保证干旱期依旧有水流往内江，灌溉成都平原，洪涝期六成的水又能从宽阔的外江向外排出。第二部分：飞沙堰，可以带走内江的大部分泥沙，还可以排出内江多余的水。第三部分：宝瓶口是李冰率众人用了八年在山体上开凿的出口，用来限制通往内江的水流。那么，古人是用什么样的方法开凿坚硬的岩石的呢？

◎ 活动过程：

① 观看都江堰水利工程的视频。（过程中需要加入老师或者家长的讲解。）

② 画一画都江堰的基本构造。

③ 从高处向低处挖凿水渠，提醒孩子们注意安全，在一些关键点，需要提醒孩子们：鱼嘴应该是什么形状的？（尖尖的，减缓水流的冲击力）外江和内江有什么区别？（外江宽阔且河床高，内江窄且河床低）孩子们可以自己选择材料建造宝瓶口。启发孩子们思考，古人是如何开凿宝瓶口厚厚的石壁的呢？在古代没有爆破技术的情况下，他们先用火烤岩石，再用冷水浇，造成石壁因热胀冷缩而碎裂。宝瓶口耗时八年才开凿出来。

④ 挖掘好的水渠铺上锡箔纸，准备洪水冲击。把水倒进水渠。如果水流向了内江，说明现在是干旱季节还是洪涝季节呢？

⑤ 孩子们分享建造水利工程的心得。

注意事项及延伸

　　孩子们通过视频和讲解了解了都江堰的基本构造，但是在实践挖掘过程中的关键点仍需要大人的提醒和启发：鱼嘴要足够坚固，内江宽度和深度不能和外江一样，飞沙堰要高于宝瓶口的地势，宝瓶口要更加窄和坚固，因为它承载着进入成都平原的水量。通过实践，孩子们对水利工程有了清晰的理解。当孩子们知道都江堰是李冰用20年时间带领百姓修建而成的时候，孩子们已深深地为古人的智慧和毅力所折服。

　　当孩子们造出来一个"都江堰"，那自豪感不言而喻。孩子们非常乐于分享自己了解的水利工程知识，让他们尽情地说一说吧。

古代智慧——指南针

　　万物是和谐共生的，天人合一是我们独具一格的中华智慧。这个活动可帮助孩子们了解四大发明之一的指南针原理。几千年的文化印记，通过小小的指南针流传到现在。带领孩子们传承博大精深的中华文化，感叹自然与文化的美好融合。

◎　**材料：**

1. 磁铁一对
2. 盛水的容器
3. 绣花针一根

◎　**活动地点：**

户外或者室内。

◎　**引导：**

　　如果在树林里迷了路，我们可以用什么来探明方向呢？为孩子们介绍指南针的由来：指南针是我国的四大发明之一。今天我们要自己制作一个指南针，想要了解指南针必须先要了解磁石。在《山海经》中，已经有关于磁石的记载，那么能吸住金属的石头为什么被称为磁石呢？汉以前古人把磁石写成"慈石"，把磁吸引铁看作慈祥的母亲对子女的吸引，这就是今天"磁铁"名字的由来。地球本就相当于一个大磁铁，在地球的南北两极附近存在着地磁两极，因此具有磁性的金属在自由状态下都会因为磁体异性相吸，同性相斥。

◎ 活动过程：

1

为孩子们讲解指南针的原理，让他们了解指南针是古人智慧的结晶，知道磁铁名字的由来，并用两块磁铁来为他们演示异性相吸的指南原理。

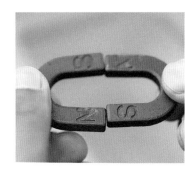

2

寻找树叶，开始制作指南针。树叶尽量选择薄而轻一些的，大小尽量不要超过针的长度太多。

3

准备一个大一些的容器，并装上水，把树叶轻轻放在水面上，如果户外有风的话需要转到室内。

4 将针较粗的一头在磁铁上摩擦数次，把针放在漂浮的树叶上，观察树叶方向的改变。可以用指南针跟自己制作的树叶指南针进行比对。

5 如果在户外没有磁铁怎么办呢？把针在头发上摩擦数次之后再放在树叶上，观察树叶的方向，稳定之后，你会发现树叶依旧和指南针方向一致。这是由于人体本身是具有磁场的，金属针在与头发摩擦后，改变了金属针内部的微观电流结构，金属针就会被磁化，这样也同样展示了指南的现象。

注意事项及延伸

这个活动在户外或室内进行都可以，但是如果户外有风需要到室内，风会干扰漂浮树叶的方向。在针和头发的摩擦环节，需要特别关注孩子们的安全。

整个活动孩子们都怀着满满的探索欲望。无论是用磁石摩擦过的针还是在头发上摩擦过的针，都与指南针位置一致，孩子们连连惊叹，深深地为中华文化而自豪。在这样的年代，我们有责任和义务带领孩子们了解古人的智慧，传承优秀的文化，建立独一无二的文化自信。

地图绘制

绘制人：
我的绘图方法：
地点：
主体物绘图
路线绘图

绘制公园地图

地图能够让孩子们非常直观全面地观察一个区域，这是用视觉感知周围世界的一个积极的过程。带领孩子们了解中国古代绘制地图的两种方法，感受先人们古老的智慧。活动中通过对公园地理环境的观察和描绘，孩子们感知到的是一个完整的外部立体空间，这能锻炼他们对于整个大空间的感知能力。

◎ 材料：

1. 画板
2. 画纸
3. 签字笔和画笔

◎ 活动地点：

户外小型公园。

◎ 引导：

到一个陌生的地方，如何快速地找到你想去的地方呢？ 找警察？找地图？问路？孩子们的回答哪一个才是最合理的呢？答案是得到一张纸质或者电子的地图，顺着地图可以快速找到想去的地方。

在古代，一张小小的地图，代表的是至高无上的主权，谁拥有了地图，就能以上天的视角俯瞰这片土地。古人是用什么方法绘制地图的呢？ 这里为孩子们简单介绍古代地图绘制的其中的两种方法：一种是主体物绘图，把主要的位置画出来后再绘制河流和路线；第二种是线路绘图，把线路和河流先画出来，在线路旁边添设绘画主体物。你会选择哪一种方法呢？

◎ 活动过程：

1

观察公园里的地形图或者其他
地图，想想地图的特点是什么，
有什么作用，他们是如何设计、
绘制地图的？

2

请孩子们从起点开始走一圈公
园，记住明显的景点和建筑物，
初步了解地形和区域划分。

3 分发绘画纸和画板，问问孩子们想要选择哪一种绘图方式，
主体物绘图还是线路绘图。以公园入口为起点，可以画一
个小人，边走边记录，提醒孩子们不要忘记画下重要区域。

4 介绍一下你绘制的地图。

注意事项及延伸

　　孩子们在地图绘制过程中可能会出现很多问题，比如主体区域画得过大，导致道路没有位置，主体物的方向位置错误等。孩子们画得不够完美，但他们都为自己能画出一张地图而骄傲。

　　年龄较小的孩子，重在培养他们的空间感知能力，提醒他们把主体物尽量画得小一些，能整体画出即可。但对于大一些的孩子，可以提醒他们观察每个区域的大小比例，如沙坑区和草坪区的大小比例，儿童游乐区和休闲亭的距离，以及道路的长短。

古人智慧——日晷

万物皆生于自然，古人的智慧博大精深，他们从自然里汲取灵感，通过持续的观察记录，设计出一种计时仪器——日晷（guǐ）。日晷不但能显示一天之内的时刻，还可以显示二十四节气和月份。

这个活动可以帮助孩子们了解日晷的基本原理。孩子们在持续的观察中，能够感受古人的智慧，体验自然的神奇。

◎ **材料：**

    1. 纸板、笔、剪刀、圆盘

    2. 捡拾石头或者树叶、种子等

    3. 一根树枝

    4. 软尺

◎ **活动地点：**

    户外有阳光的地方。

◎ **引导：**

引导孩子们观察阳光下自己的影子，我们的影子是否会随着时间变化呢？用尺子量一量现在从头顶到脚尖的影子有多长，过半个小时后再来量量影子的变化，是我们长高了，还是太阳变了方向？原来阳光在一天的不同时间一直在变化。

告诉孩子们古代并没有时钟，那人们是如何知道变化的时间呢？由此引出日晷的概念。日晷是指太阳的影子，古人用太阳投射的方向来测定并且划分时间。今天我们要利用身边的自然物，做一个简单的日晷。

◎ 活动过程：

① 观察自己的影子，量一量现在影子的尺寸，做好记录。

② 孩子们了解日晷的概念后去户外捡拾石头或者树叶等。

③ 制作日晷，用圆盘在纸板上画一个圆并剪下来，用剪刀在中间钻一个小孔。

④ 在石头上写上 12 个数字，然后在纸板圆盘上依次排列好。

5

将树枝穿过圆盘中间的孔插进泥土里。

6

观测太阳照射树枝在圆盘上产生的影子。（测量影子长短和位置的变化并做记录。一天中影子的变化有什么规律？太阳的位置是怎么变化的？）

7　活动结束后，再来测量一下自己的影子吧，一起聊聊发生了什么变化？

注意事项及延伸

　　这并不是一个标准意义上的日晷，石头做的刻度并不标准，日晷盘面还需要根据当地的纬度做调整。这个活动可以让孩子们了解日晷的基本概念，知道影子在不同的时间会有不同的变化，了解太阳是如何运行的。

　　如果用树叶做刻度的话，可能会被风吹跑，可以用双面胶把树叶固定在日晷盘上。

　　日晷对于孩子们来说是非常新鲜的，他们都很骄傲自己了解、认识了日晷。活动最后让孩子们说说自己学到的知识，观察到的变化，他们非常乐于分享。

游
戏
类

穿越野人林

这是一个多感官的回归自然与野性的活动，孩子们变身探险家，穿越"野人"出没的林地，真是惊险又刺激。孩子们通过前期用树叶、种子制作"野人"服饰，观察自然，发现自然之美。游戏过程中结合乐器能增加孩子们对音乐和声音的感受力，激发其对神秘自然的探索兴趣。

◎ 材料：

1. 纸板（用来制作野人的装饰）
2. 双面胶
3. 脸部彩绘笔
4. 各种能发声的小乐器（摇铃、鼓等）

◎ 活动地点：

树林。

◎ 引导：

今天你们都是小小探险家，我们的任务是穿越这片神秘的树林，但是在这片林子里却藏着一个原始凶狠的"野人"部落，有什么办法能顺利通过呢？答案是这里的"野人"特别爱美，只要我们为"野人"制作漂亮的服装，就能换取穿越"野人"林的通行证啦！

◎ 活动过程：

① 将孩子们分为两组——"野人"组和探险家。(或者"野人"全部由成人来扮演。"野人"不能太少，否则有些探险家可能会受到冷落。)

② 给孩子们分发大小合适的纸板。(能够制作成头冠或者腰带即可。)在上面贴上双面胶，让孩子们寻找落叶或者果实粘贴其上。(这个时候扮演"野人"的大人或者小朋友需要到隐蔽的地方进行脸部彩绘。)

③ 把装饰好的腰带、头冠首尾粘合起来，制作好后送给"野人"的首领，换取通行证。(可以是小石头、树叶、树枝、种子等，保证每个探险家能分到三个以上的通行证。)

④ "野人"们穿上制作的头饰、腰带，在树林深处隐藏起来。

5 开始穿越树林，讲解规则：告诉探险家们，要在规定的区域内活动，躲避"野人"成功到达终点就能取得胜利。如果万一被"野人"抓到，交出一个通行证，就能重获自由。每人三个通行证，会有三次逃生的机会。

6 孩子们悄悄地走进树林，然后大声喊："'野人'你在哪里？我们不怕你。"这时候伴随着锣鼓声，"野人"们从树林里冲出来，孩子们兴奋地四处逃窜。

注意事项及延伸

树林很大，一定要先设定一个安全范围和一个终点，告诉孩子们活动必须在这个区域内展开。最好有一个安全员，负责巡视、观察每一个孩子，保证安全。

孩子们在树林里快乐地奔跑，犹如林间的小精灵。此刻，他们和自然融为了一体，快乐不言而喻。扮作"野人"的大人们也同样感受到了野性之美，脸部的彩绘就让他们突破自我设限，在树林里奔跑，更是找回了童年的快乐。在自然里滋养生命，亲子关系因此而更为融洽。

搭建野外帐篷

孩子们的空间敏感期于 0~6 岁开始持续发展，不同的空间给他们的视觉感受是不同的。在这个阶段，常常在狭小的地方，孩子们才能感受到明显的空间感，他们喜欢躲在角落里肆意地幻想，两把椅子盖上一张毯子，他们能玩上整整一天。

搭建自己的野外帐篷，拥有自己的秘密空间，这能让他们拥有前所未有的安全感。构建树林里的家，可以培养孩子们解决问题的能力、空间感知能力，精细动作技能也会得到发展。

◎ 材料：

1. 设计图
2. 绳子
3. 一些装饰的小物件
4. 小型的锯子

◎ 活动地点：

原生态的树林（可以捡到更多的树枝）。

◎ 引导：

想想如果今天我们要在树林里过夜，没有帐篷该怎么办？自己建造一个。告让孩子们，搭建庇护所不仅可以减少风雨等恶劣天气的伤害，还能挡住野生动物的打扰。

◎ 活动过程：

1

展示设计图，让孩子们了解树枝
庇护所的基本结构。孩子们首先
需要寻找三根粗壮一些的树枝和
两根固定的横杆，再寻找纤细的
树枝作为辅助结构，也可以选择
树叶或者干草进行装饰。

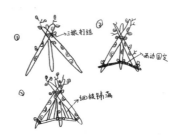

2 分组合作，寻找树枝。

3 主体结构搭建。较长的树枝可能需要用锯子截断。老师需要
示范如何正确使用锯子，并教会孩子们基本的捆绑方法。主
体结构搭建好后，需要捡拾细一些的树枝靠在主体框架上。

④ 接下来就是装饰了，这个环节是孩子们发挥创意的时候。寻找纤细的树枝、树叶、干草进行装饰吧，打造你自己的梦想小屋。

⑤ 帐篷搭建好了，孩子们想要怎么游戏呢？是在庇护所旁边生火做一顿丰盛的午饭，还是举办一个树林派对来庆祝？留出充分的时间，让孩子们尽情享受其带来的快乐和满足。

注意事项及延伸

搭建好的树枝会一次次地倾斜，孩子们需要不断地摸索，寻找稳定的支点。他们需要经历很多次的失败，彼此在碰撞中学会合作。

远古人类最初的房屋是洞穴或者用树木搭建的房屋，我们今天搭建的树枝帐篷，就是最初的建筑雏形。在大自然里，动物们也同样拥有温暖的家，你都知道哪些动物的家呢？（屋檐下燕子用春泥构筑的家，小松鼠储藏食物的树洞，蚂蚁错综复杂的隧道……）那么你知道最甜蜜的家是谁的呢？（当然是蜜蜂的了）。

绿野寻踪——
寻找目标物

　　让孩子们在野外侦察，寻找目标物，这是一个充满神秘感的游戏，能够激发起孩子们强烈的探索欲。侦察的过程中也能很好地锻炼孩子们的观察能力，如果让他们自己设置路标，从起点到终点的路标设置过程，能提升他们对整个空间的感知能力。孩子们找到目标物仿佛得到了整个世界。

◎　材料：

1. 两个侦察目标物（零食或小玩具）
2. 用做路标的树枝或者其他自然物

◎　活动地点：

　　树林。

◎　引导：

　　我有礼物要给你们，但是你们需要通过自己的努力来找到它……

◎ 活动过程：

带领很多个孩子的情况下：

① 让孩子们两人一组，两组为一个组合。

② 两个小组分别反方向出发，藏好礼物，设置路标。彼此不能偷看。

③ 两组设置完成后，互相依照路标侦察对方的目标物。

④ 当路标消失的时候说明目标物就在附近了，认真地观察四周寻找一切蛛丝马迹吧，成功就在眼前了。

只有一个大人和一个孩子的情况下：

① 家长把目标物（礼物）藏起来，设置一个范围，从出发点开始布置路标。路标的设置可以选择树枝、石头、树叶或种子摆成箭头的形状。告诉孩子们：你们需要根据路标的指示方向寻找目标物，当路标消失的时候，就意味着目标物在附近了。

② 孩子们从起点位置依据路标指示的方向开始侦察目标礼物。

③ 找到礼物，分享成功的喜悦。

注意事项及延伸

游戏开始的时候要首先设置一个范围，不至于孩子们跑很远去藏目标物。

孩子们自己设置路标是一个难点，他们的路标可能慢慢偏离目标物，这需要他们不断地试错改正。和组员共同合作，宏观把控，才能让设置的路标指向礼物的隐藏地点，这需要他们对整个空间做出判断，并准确地定位。

因为树枝或者石头制作的路标很容易隐藏在四周的环境中，孩子们需要非常用心地去观察寻找。

好吃的烤串

　　这个游戏非常适合6岁以下的孩子，把有趣的生活融入游戏中，孩子们会更加投入，只要带一点绳子或者橡皮筋，就可以在户外来一场烧烤派对。在制作过程中，能够锻炼孩子们捆绑绳子的技能，用树枝穿过树叶的过程也能让孩子们的手部精细动作得到发展，提升他们解决问题的能力。

◎　**材料：**

1. 绳子或者橡皮筋
2. 树枝和叶子

◎　**活动地点：**

户外。

◎　**引导：**

　　秋天的树林里，遍地是金黄的落叶，告诉孩子们要举办一个植物烧烤派对，用树枝、树叶制做烤串，但是没有烤炉怎么办？让孩子们自己想想办法，各抒己见。起初我们想用四根树枝简单地拼成矩形，孩子们不同意，没有腿怎么算是烤炉呢，一定要是立体的，那么怎样把烤炉架起来呢？让孩子们学着自己解决问题。

◎ 活动过程：

① 寻找树枝，每组烤炉需要 8 根树枝。

② 四根树枝插进泥土里作为烤架支腿，另外四根树枝固定在
上面，制作成一个矩形烤架。

③ 寻找树叶、树枝，制作烤串。

4 烤制烤串，出售烤串，分享烤串。

注意事项及延伸

　　孩子们利用自然物与自己的生活经验相结合，放盐、调味料，把烤串在烤炉上转一转，需要烤制多长时间，这些简单的动作都融入了孩子们对日常生活的观察。串好的食物接下来该怎么玩呢，是进行销售还是举办派对分享呢？自己去寻找解决问题的办法。在与自然互动的过程中，你会发现孩子们创意无限。

　　这个活动虽然是简单的绑和穿的动作，但孩子们都非常投入，从头至尾都是热情高涨，尤其到最后的分享环节，让他们成就感满满，乐此不疲地继续制作。烤串融入了他们对生活的热情。

寻找小精灵

　　眼睛是心灵的窗户，用小眼睛与自然做连接，重构儿童对自然的幻想和依恋，在户外享受简单的幸福和快乐。这个活动可以助力孩子们绘画能力、自然观察能力及语言能力的发展，活动的最后环节还能让孩子们感受分享的快乐。

◎　**材料：**

1. 不干胶贴纸（有背胶的纸）或者普通的纸搭配双面胶使用
2. 马克笔
3. 剪刀

◎　**活动地点：**

　　户外。

◎　**引导：**

　　大自然里有精灵吗？有的孩子说有，大自然就是精灵；有的孩子说没有，世界上连怪兽都没有，怎么会有精灵呢。今天我们来给植物装上眼睛，让小精灵住进我们的社区里。

◎ 活动过程：

引导孩子们说说眼睛有什么
样的。启发他们用马克笔画
出不一样的眼睛，大眼睛、
眯眯眼、戴眼镜的、睡着
的……如果你喜欢，可以加
上眉毛，这样会更加生动。

2

用剪刀剪下眼睛（可能需要
老师或者家长帮助）。

3 寻找自然物，叶子、石头、树干……给他们装上合适的眼睛。

4 寻找有树疤的树，将树疤当作嘴巴，眼睛装在上面会更加生动。鼓励孩子们学学小精灵的表情，讲一讲今天树林里的小精灵之间发生了怎样的故事。孩子们的无限创意一定能带给你大大的惊喜。

5 孩子们兴奋不已，这时候该是邀请爸爸妈妈一起分享的时候了。让他们找找你藏在树丛中的小精灵吧，一起体会发现的乐趣。

注意事项及延伸

给植物装上眼睛，孩子们需要自己去观察寻找，哪一棵树，哪一片树叶，哪一块石头，会让你心动呢？每一次选择都是与自然连接的必然结果。当为自己选择的叶子装上了眼睛，孩子们的感情油然而生：叶子小精灵你好呀……叶子小精灵似乎变成了最理解自己的朋友，当现实世界已经在孩子们的头脑中固化，那么这时候就是在重构他们的幻想。活动结束后，有的孩子依然恋恋不舍。

爸爸妈妈参与的环节也非常重要，此刻孩子们强烈地需要与人分享，那么就请父母和孩子一起享受自然里的喜悦吧。

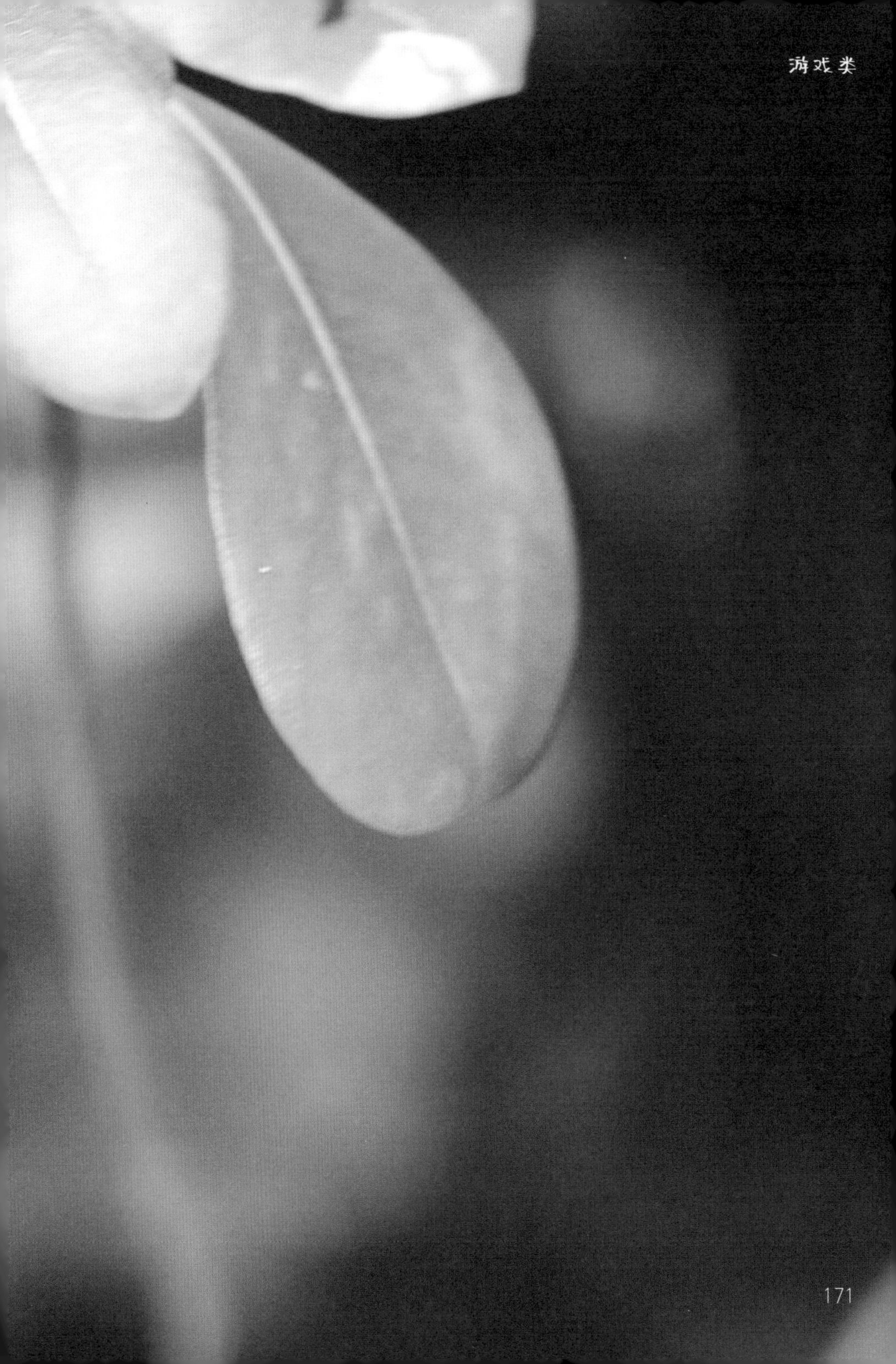

酋长的手杖

大自然带给我们的是无限的宽广，是生机勃勃、奇妙无穷，是柏油路面、混凝土大厦、互联网游戏无法给予的。

这个活动能够很好地培养孩子们的观察能力，他们调动所有的感官去闻，去看，去触摸，去听，记录下一路的所感所想。捕捉生命的律动，与自然连接。

当旅行结束，让孩子们看着手杖上的小物件说说自己的一路见闻，你会惊讶于他们的独特发现。

◎ 材料：

1. 可以用作手杖的树枝
2. 弹力绳或者橡皮筋

◎ 活动地点：

自然生态的树林或者山地。

◎ 引导：

神秘地告诉孩子：想象自己是部落的首领，即将为了部落的居民探寻新的栖息地。你们需要徒步穿过一片神秘的野生林地，出发前需要寻找一根树枝作为手杖用来保护自己不受昆虫或野生动物的侵袭，重要的是还要侦察这一路的地理环境与植物生长状况，帮助部落居民了解新领地。他们需要像侦探一样，寻找特别或有趣的自然物，固定在手杖上，在结束的时候能够帮助他们回忆一路的所见所闻。神秘低沉的语气总能引起孩子们的共鸣，他们变得异常兴奋。

◎ 活动过程：

1

寻找树枝作为自己的徒步手
杖。

2

把弹力绳或者橡皮筋缠绕在
手杖上固定。

3 寻找特别或有趣的自然物固定在手杖上，帮助记忆周围环
境。

④ 一路上孩子们会发现很多特别的植物，每一种植物几乎都是一味草药，和孩子们一起聊聊遇见的那些特别的植物吧！

⑤ 以手杖上的标记物为记忆的起点，让孩子们讲讲这一路的发现。

注意事项及延伸

越小的孩子观察细节的能力越强，但是他们在把自然物放进弹力绳的时候，可能需要家长或老师的帮助。

我们选择的是一片自然原生态的树林，当孩子们在林子深处发现一处静谧的池塘，发现阳光穿过树梢落在草丛里的光，当它们穿越树林到达一片湖区，他们的内心会发生什么变化。

孩子们发现了车前草，和他们一起聊聊车前草的历史故事……自然在他们的眼里变得更加宽广与独特，每一株植物原来都是独一无二的存在。

和孩子的自然游戏

寻找丛林宝藏

你的家里是否有很多孩子看不上眼的小玩具？把它们收集好，带到户外去吧。把玩具藏在自然的角落里，让孩子们变身小侦探，去玩寻宝游戏。2 至 8 岁的孩子，几乎没有不喜欢这个游戏的。让孩子们在自然中尽情地体验快乐吧！

这个游戏可以帮助孩子们认识什么是保护色，在寻找的过程中又培养了孩子们的观察能力，提高了其视觉感受能力。

◎ 材料：

1. 各种小玩具
2. 袋子（每个孩子一个），用来放置寻找到的宝藏

◎ 活动地点：

户外。

◎ 引导：

在孩子们来到游戏场地前把小玩具藏好。今天我们要玩一个寻宝游戏，我把宝藏都藏在了这条小路的两旁，一共有 12 个，看看你们是否都能找到。

前期准备：清点这次游戏要用到的玩具数量（避免后期找不到）。划定一个范围，把小玩具藏在草丛、石堆、树下……可以选择与周围环境相同颜色的物件，比如黄色的小动物藏在枯树叶下面，增加寻找难度。不太好找的物品，可以在旁边做标记，避免落在户外污染环境。

◎ 活动过程：

1 把物品藏在规定好的范围内，规定一个起点，召集孩子们
开始寻找宝藏。

2 到达终点后，孩子们把搜集到的物品拿出来，老师或家长
清点数量，总共有 12 个，问问孩子们还有几个没有找到，
继续寻找。

3 所有物品都被找到后，让孩子们围在一起说说自己的寻宝
经历，比如哪些物品很难被找到？

长颈鹿躲在树叶下很难找到，引出动物保护色的概念，问问孩子们如果在自然里捉迷藏，会选择什么颜色来隐藏自己。

观察躲在草丛里的昆虫，问问孩子们为什么昆虫是这样的颜色。

6 重复游戏，孩子们找到物品的速度会越来越快，观察能力也会越来越敏锐。

注意事项及延伸

走在前面的孩子不代表一定能找到更多，用心观察，每个孩子都能体验到收获的快乐。

虽然找到的都是自己平时不玩的小玩具，但是找到之后，心情真是妙不可言。

这个活动一遍玩不够，孩子们会要求重复地玩很多次，那就答应他们继续玩吧，他们的观察能力会越来越强。在自然里，让孩子们打开五官，体验寻找的快乐，让学习变得有趣且令人兴奋。

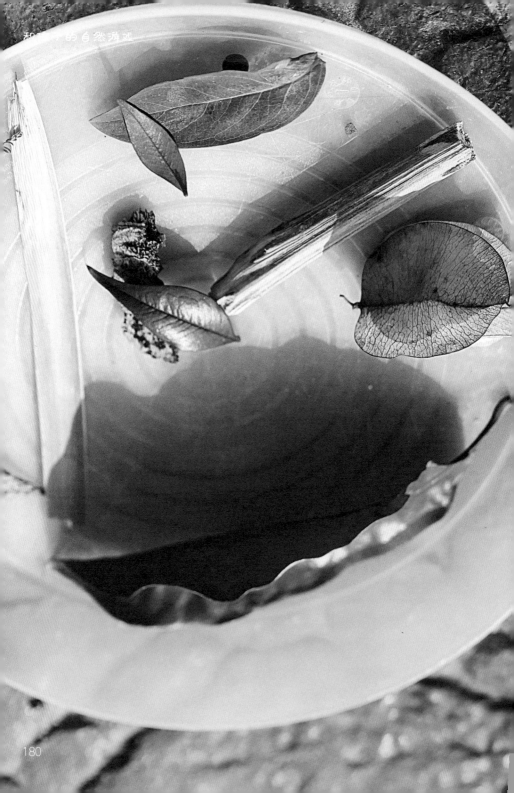

植物记忆大挑战

在大自然里，孩子们的感官是敞开的、向外的。这种完全沉浸式的体验，更能明显提高孩子们的专注力和记忆力。通过布置任务，提高孩子们对岩石、植物、自然环境的兴趣。在完成任务的过程中，不断地激发孩子们的探索欲望。

◎ **材料：**

1. 盘子（用来装自然物）
2. 一块手帕（把盘子遮盖起来，以增加神秘感）

◎ **活动地点：**

户外。

◎ **引导：**

寻找五种不同的自然物（不同形状的种子、树叶、以及岩石、树皮等）。把它们装进盘子里，并且用手帕盖上，以增加活动的神秘感，这个环节很重要哦，孩子们会非常想知道里面装着什么。

◎ 活动过程：

① 老师或家长开场：我找到了 5 种不同的自然物，请你们安静地观察两分钟。你们需要记住数量和形状，这些自然物就藏在我们的周围，请你们去找一找，5 分钟后我们集合。

② 老师或家长核对找到的物品是否正确，过程中可以讲解相关植物的知识和故事。

③ 重复游戏。多次活动游戏，孩子们的记忆力有显著的提升。

注意事项及延伸

需要根据孩子不同的年龄，设置不同数量的自然物。较小的孩子用两到三个自然物即可；大一些的孩子随着游戏的不断深入，可以逐步挑战更多的数量。

另外，在寻找过程中，要给孩子们设定一个安全范围去寻找。

孩子们非常乐于挑战，一次又一次地要求重复游戏，可以逐渐地增加自然物的数量，他们面临的挑战也会越来越大。这除了让孩子们锻炼观察能力和记忆能力外，还能使他们成就感满满。